Samuel Ibikunle Jokotola

Protocolo de esterilização para a propagação in vitro de tamareiras

Samuel Ibikunle Jokotola

Protocolo de esterilização para a propagação in vitro de tamareiras

(Phoenix dactylifera) Utilização de sementes: otimização dos protocolos de quebra de dormência e esterilização

ScienciaScripts

Imprint

Cover image: www.ingimage.com

This book is a translation from the original published under ISBN 978-620-8-17151-3.

Publisher:
Sciencia Scripts
is a trademark of
Dodo Books Indian Ocean Ltd. and OmniScriptum S.R.L publishing group

120 High Road, East Finchley, London, N2 9ED, United Kingdom
Str. Armeneasca 28/1, office 1, Chisinau MD-2012, Republic of Moldova, Europe
Managing Directors: Ieva Konstantinova, Victoria Ursu
info@omniscriptum.com

Printed at: see last page
ISBN: 978-620-8-60352-6

Protocolo de Esterilização para Propagação In-vitro de Tamareira (Phoenix dactylifera) Usando Sementes: Otimização dos Protocolos de Quebra de Dormência e Esterilização.

Jokotola, S. Ibikunle[1], Bamidele Iyekolo[1], Ajenifujah Shakirate Solebo[1,2], Ezeofor Agatha O[1], Salith Hauwa S[1], Emerenini Emilymary C[2], Faliyah Mbambam[2]

1. Plant Improvement Unit of Agricultural Biotechnology Development in National Biotechnology Development Agency Airport Road Lugbe, Abuja.

2. [2]Genetics, Genomics & Bioinformatics Department, National Biotechnology

   Agência de Desenvolvimento

* Autor correspondente, jokotolaibikunle@gmail.com, +2348037204966

Resumo

A tamareira (*Phoenix dactylifera* L.) é uma árvore frutífera económica e culturalmente significativa, amplamente cultivada em regiões áridas pela sua importância nutricional, medicinal e religiosa. No entanto, a sua propagação enfrenta numerosos desafios devido ao seu crescimento lento, natureza dióica e disponibilidade limitada de rebentos, que são tradicionalmente utilizados para a propagação vegetativa. Consequentemente, há um interesse crescente nas técnicas de propagação in vitro, que oferecem uma alternativa prometedora aos métodos convencionais. No entanto, duas das principais limitações da propagação in vitro são a dormência das sementes e a contaminação microbiana, que afectam significativamente as taxas de germinação e o desenvolvimento das plântulas.

Este estudo teve como objetivo desenvolver e otimizar protocolos para quebrar a dormência das sementes e esterilizar as sementes de tamareira para uma propagação in vitro bem sucedida. Foram avaliados quatro tratamentos de quebra de dormência: embebição das sementes durante a noite à temperatura ambiente, tratamento das sementes com ácido clorídrico concentrado (HCl), imersão das sementes em água quente e um grupo de controlo sem tratamento. Os protocolos de esterilização envolveram três concentrações diferentes de soluções de hipoclorito de sódio (NaOCl) para identificar o método mais eficaz para eliminar a contaminação, preservando a viabilidade das sementes. Além disso, a influência das condições de luz e escuridão na germinação das sementes foi avaliada para determinar se o fotoperíodo afecta as taxas de germinação.

Os resultados demonstraram que a utilização de ácido clorídrico concentrado como tratamento de quebra de dormência foi altamente eficaz, alcançando uma taxa de germinação de 94% após 27 dias. Em contrapartida, o tratamento com água quente não conseguiu induzir a germinação, provavelmente devido aos danos térmicos infligidos aos embriões. O grupo de controlo apresentou a taxa de germinação mais baixa, de 32%, indicando a necessidade de tratamentos eficazes de quebra de dormência. Entre os protocolos de esterilização, o Protocolo A (NaOCl a 10% durante 15 minutos) foi o mais bem sucedido, reduzindo significativamente a contaminação e mantendo uma elevada viabilidade das sementes. As sementes tratadas com ácido clorídrico e esterilizadas com o Protocolo A não apresentaram contaminação, destacando a eficácia desta combinação para a propagação in vitro.

Além disso, o estudo revelou que as condições de luz e escuridão não tiveram efeito estatisticamente significativo na germinação das sementes de tamareira, sugerindo que o fotoperíodo não é um fator crítico na germinação de sementes desta espécie. Esta investigação identifica um protocolo robusto e reprodutível para quebrar a dormência das sementes e minimizar a contaminação, aumentando assim a taxa de sucesso da propagação in vitro da tamareira. Estas descobertas têm implicações importantes para os esforços de propagação em larga escala, particularmente em regiões onde a cultura da tamareira é essencial para a segurança alimentar e o desenvolvimento económico.

Palavras-chave: Tamareira, propagação in vitro, dormência de sementes, protocolo de esterilização, hipoclorito de sódio, germinação, micropropagação.

Introdução

A tamareira (*Phoenix dactylifera* L.), uma espécie monocotiledónea perene da família Arecaceae, é uma das mais importantes culturas frutícolas cultivadas nas regiões áridas e semi-áridas do mundo. Nativa do Médio Oriente e do Norte de África, a tamareira está profundamente enraizada no tecido cultural, religioso e económico destas regiões (Zaid & de Wet, 2002; Al-Khayri et al., 2015). Os seus frutos, vulgarmente designados por tâmaras, são um componente essencial das dietas locais e ganharam reconhecimento mundial devido ao seu elevado valor nutricional, oferecendo quantidades substanciais de hidratos de carbono, fibras alimentares, vitaminas, minerais e antioxidantes (Al- Alawi et al., 2017; Chao & Krueger, 2007). Além disso, as tamareiras têm sido valorizadas pelas suas propriedades medicinais, sendo os seus frutos, folhas e sementes utilizados na medicina tradicional para o tratamento de uma vasta gama de doenças, incluindo distúrbios gastrointestinais e doenças cardiovasculares (El Hadrami & Al- Khayri, 2012). Para além da sua importância nutricional e medicinal, as tamareiras são vitais para as economias dos países produtores de tâmaras, contribuindo significativamente para os meios de subsistência rurais e para o rendimento nacional, tanto através dos mercados locais como das cadeias de exportação (FAO, 2021).

Apesar da sua importância, a propagação das tamareiras continua a ser um desafio. Convencionalmente, as tamareiras são propagadas vegetativamente através de rebentos, que são clones da planta-mãe. Este método, embora eficaz para manter a integridade genética das variedades de elite, é limitado pela disponibilidade de rebentos, uma vez que cada palmeira produz apenas alguns rebentos viáveis ao longo da sua vida (Zaid & de Wet, 2002). Além disso, a produção de rebentos é um processo lento, com as plantas a demorarem vários anos a produzir rebentos que sejam adequados para transplante. Esta limitação na taxa de multiplicação dificulta os esforços para satisfazer a procura crescente de tamareiras, especialmente porque a procura global de tâmaras continua a aumentar devido ao seu reconhecimento crescente como alimento saudável (Al-Khayri & Naik, 2017).

A natureza dióica das tamareiras complica ainda mais a sua propagação. Uma vez que as flores masculinas e femininas são produzidas em plantas separadas, apenas as árvores femininas produzem frutos, enquanto as árvores masculinas são necessárias apenas para a polinização (Chao & Krueger, 2007). Este facto complica os programas de melhoramento e exige que os produtores mantenham um equilíbrio entre plantas masculinas e femininas, apesar de apenas as fêmeas contribuírem para o rendimento da cultura. Os métodos de propagação tradicionais também conduzem a uma falta de diversidade genética, o que pode tornar as culturas mais vulneráveis a doenças, pragas e stresses ambientais (El Hadrami et al., 2011). Nos últimos anos, a produção mundial de tâmaras foi ameaçada pela murcha de Fusarium, causada por *Fusarium oxysporum* f. sp. *albedinis*, que provocou perdas de rendimento significativas (Djerbi, 2011). Consequentemente, existe uma necessidade crescente de explorar métodos de propagação alternativos que possam produzir um grande número de plantas geneticamente diversas e sem doenças num período de tempo relativamente curto.

Papel da propagação *in vitro* na cultura da tamareira

Dadas as limitações dos métodos de propagação convencionais, a micropropagação surgiu como uma alternativa viável para a produção em massa de tamareiras. A micropropagação, uma forma de cultura *in vitro*, permite a multiplicação rápida de material vegetal em condições laboratoriais controladas (Hartmann et al., 2010). Esta técnica oferece várias vantagens em relação aos métodos tradicionais, incluindo a capacidade de produzir um grande número de plantas a partir de uma pequena quantidade de material de partida, o potencial de propagação de variedades de elite sem variabilidade genética e a capacidade de produzir plantas sem doenças através da utilização de explantes esterilizados (George et al., 2008). Além disso, a propagação *in vitro* permite a conservação de recursos genéticos, particularmente para variedades de tamareiras raras ou ameaçadas de extinção, e oferece oportunidades para o desenvolvimento de novas cultivares através de técnicas como a embriogénese somática e a transformação genética (Jain, 2012; Al-Khayri & Naik, 2017).

Apesar do seu potencial, o sucesso da propagação *in vitro* de tamareiras é frequentemente dificultado por dois desafios significativos: a dormência das sementes e a contaminação microbiana. Estes desafios têm de ser resolvidos de forma eficaz para melhorar a eficiência dos protocolos de propagação *in vitro* e aumentar a taxa global de sucesso do cultivo de tamareiras.

Dormência de sementes em tamareiras

A dormência das sementes é um fenómeno comum em muitas espécies de plantas, incluindo as tamareiras, em que as sementes não germinam em condições ideais devido a barreiras fisiológicas ou físicas (Bewley et al., 2013). Nas tamareiras, a dormência é frequentemente atribuída ao revestimento duro e impermeável da semente, que restringe a absorção de água e as trocas gasosas, ambas essenciais para a germinação (Hartmann et al., 2010). A presença de inibidores dentro do revestimento da semente e do endosperma também pode contribuir para a dormência, impedindo a ativação de enzimas necessárias para a mobilização de nutrientes armazenados (Baskin & Baskin, 2014).

Foram desenvolvidos vários métodos para quebrar a dormência das sementes em tamareiras, com diferentes graus de sucesso. A escarificação mecânica, que envolve a quebra física ou o enfraquecimento do revestimento da semente, é uma das técnicas mais comuns utilizadas para aumentar as taxas de germinação (Al-Obeed et al., 2016). Este método, no entanto, requer precisão para evitar danificar o embrião e é trabalhoso quando aplicado em grande escala. Os tratamentos químicos, nomeadamente a utilização de ácidos como o ácido sulfúrico (H2SO4) ou o ácido clorídrico (HCl), têm sido amplamente utilizados como alternativa à escarificação mecânica. Os tratamentos com ácidos actuam através do condicionamento do revestimento da semente, aumentando assim a sua permeabilidade à água e aos gases (Bewley et al., 2013). Estudos mostraram que os tratamentos com ácido podem melhorar significativamente as taxas de germinação em tamareiras, sendo o ácido clorídrico concentrado particularmente eficaz (Al-Obeed et al., 2016). Outros tratamentos, como a imersão em água quente, também foram explorados, mas resultam frequentemente em danos nas sementes se não forem cuidadosamente controlados (Al-Obeed et al., 2016).

Dada a importância da dormência das sementes na determinação do sucesso da germinação, a otimização dos tratamentos de quebra de dormência é fundamental para melhorar a eficiência da propagação *in vitro* em tamareiras. Neste estudo, investigámos a eficácia de diferentes tratamentos de quebra de dormência, incluindo a imersão em água, o tratamento com ácido clorídrico e a exposição a água quente, na promoção da germinação de sementes de tamareira.

Contaminação microbiana na propagação *in vitro*

Outro grande desafio na propagação *in vitro* é a contaminação microbiana. A introdução de microrganismos, como bactérias e fungos, no sistema de cultura pode levar à perda de material vegetal valioso, à redução das taxas de crescimento e ao aumento da mortalidade dos explantes (George et al., 2008). A contaminação pode ter origem numa variedade de fontes, incluindo o próprio material vegetal, o meio de cultura ou o ambiente do laboratório (Strader et al., 2011). As sementes e outros explantes estão frequentemente contaminados com agentes patogénicos superficiais, que podem persistir mesmo após a lavagem com água ou detergente. Além disso, os microrganismos endógenos, que residem nos tecidos das plantas, também podem contribuir para a contaminação e são mais difíceis de eliminar (Cassells, 2012).

Para reduzir o risco de contaminação, são normalmente utilizados protocolos de esterilização de superfícies antes da introdução do material vegetal no sistema de cultura. Os agentes de esterilização comuns incluem hipoclorito de sódio (NaOCl), etanol e cloreto de mercúrio, sendo o hipoclorito de sódio o mais utilizado devido à sua eficácia e toxicidade relativamente baixa (Hartmann et al., 2010; Cassells, 2012). No entanto, é fundamental atingir a concentração e o tempo de exposição ideais, uma vez que tratamentos de esterilização demasiado rigorosos podem danificar os explantes e afetar negativamente a germinação e o crescimento (Webster et al., 2003). Estudos anteriores mostraram que a combinação de diferentes agentes de esterilização, como hipoclorito de sódio e etanol, pode melhorar a desinfeção, minimizando os danos aos tecidos vegetais (George et al., 2008).

No contexto da propagação da tamareira, a otimização dos protocolos de esterilização é particularmente importante devido à suscetibilidade das sementes e dos explantes à contaminação. Vários estudos investigaram o uso de diferentes agentes e protocolos de esterilização para reduzir as taxas de contaminação em culturas de tamareira, com diferentes graus de sucesso (Al-Khayri & Naik, 2017; Jain, 2012). Neste estudo, avaliamos três protocolos de esterilização usando hipoclorito de sódio e avaliamos sua eficácia na redução da contaminação, mantendo a viabilidade das sementes.

Importância do estudo

Os desafios associados à propagação convencional de tamareiras sublinham a necessidade de métodos mais eficientes e fiáveis de multiplicação em massa. A propagação *in vitro* oferece uma solução promissora, mas o sucesso desta técnica depende da superação dos obstáculos gémeos da dormência das sementes e da contaminação microbiana. Ao otimizar os tratamentos de quebra de dormência e ao desenvolver protocolos de esterilização eficazes, este estudo visa melhorar a eficiência da propagação *in vitro* de tamareiras, contribuindo assim para o cultivo sustentável desta importante cultura. Além disso, os resultados deste estudo podem ter implicações mais amplas para a propagação de outras espécies recalcitrantes que enfrentam desafios semelhantes em sistemas de cultura *in vitro* (Baskin & Baskin, 2014).

Os resultados desta investigação não só melhorarão as técnicas de propagação das tamareiras, como também apoiarão os esforços de conservação das variedades de tamareiras ameaçadas e facilitarão o desenvolvimento de novas cultivares através de abordagens biotecnológicas. Dado que a procura global de tâmaras continua a aumentar, melhorar a eficiência do cultivo de tâmaras será crucial para satisfazer as necessidades do mercado, assegurando simultaneamente a sustentabilidade desta cultura económica e culturalmente significativa.

Materiais e métodos

Material vegetal

As sementes de *Phoenix dactylifera* L. (tamareira) utilizadas neste estudo foram obtidas num mercado local em Abuja, na Nigéria. Estas sementes foram selecionadas com base no seu tamanho uniforme, ausência de defeitos visíveis e ausência de infecções fúngicas ou danos mecânicos, seguindo os métodos padrão de avaliação da qualidade das sementes descritos por Al-Khayri e Naik (2017). A garantia de material de sementes de alta qualidade é essencial para o sucesso da germinação e da propagação *in vitro*, uma vez que qualquer qualidade de sementes comprometida pode levar a taxas de germinação baixas ou a níveis de contaminação elevados (George et al., 2008).

Uma vez recolhidas, as sementes foram cuidadosamente lavadas em água corrente da torneira durante 15 minutos para remover a polpa do fruto aderente e a sujidade. Qualquer polpa de fruta residual pode albergar microrganismos, o que pode levar à contaminação durante os procedimentos *in vitro*. Após a lavagem, as sementes foram secas ao ar em toalhas de papel esterilizadas e armazenadas num recipiente estéril e hermético à temperatura ambiente (25°C) até ao processamento posterior. A limpeza das sementes é um passo fundamental para minimizar a contaminação microbiana em culturas *in vitro* (Bewley et al., 2013).

Conceção experimental

A experiência foi concebida para avaliar dois factores-chave que influenciam a propagação *in vitro*: os tratamentos de quebra de dormência das sementes e os protocolos de esterilização. O delineamento experimental seguiu o delineamento inteiramente casualizado (DIC) com cinco repetições para cada combinação de tratamento. As variáveis independentes foram os tratamentos de quebra de dormência e os protocolos de esterilização, enquanto as variáveis dependentes foram as taxas de germinação e contaminação.

Cada unidade experimental continha 10 sementes e a duração da experiência foi de 30 dias, durante os quais foram recolhidos dados sobre a germinação e a contaminação em intervalos semanais. De acordo com Al-Khayri e Naik (2017), a aleatorização ajudou a controlar as variações ambientais e experimentais que poderiam influenciar o resultado.

Tratamentos de quebra de dormência

A quebra da dormência é uma etapa crítica da pré-germinação, pois as sementes de tamareira apresentam dormência fisiológica devido ao seu revestimento duro, que dificulta a absorção de água e as trocas gasosas (Al-Obeed et al., 2016; Zaid & de Wet, 2002). Para superar esta dormência, foram aplicados quatro tratamentos:

1. **Controlo (C):** As sementes não tratadas serviram como linha de base para avaliar o impacto dos outros tratamentos de quebra de dormência. Não foi aplicado nenhum pré-tratamento, e estas sementes foram diretamente submetidas aos protocolos de esterilização.

2. **Embebição durante a noite (SON):** As sementes foram embebidas em água destilada à temperatura ambiente (25°C) por 24 horas para amolecer o revestimento da semente, uma prática comumente utilizada para facilitar a absorção de água e aumentar o potencial de germinação (Bewley & Black, 2014). A embebição de sementes em água é um método simples e eficaz para sementes com dormência leve.

3. **Tratamento ácido (HCl):** As sementes foram embebidas em ácido clorídrico concentrado (36%) durante 20 minutos, seguindo o método de Al-Obeed et al. (2016). A escarificação ácida enfraquece o revestimento da semente e aumenta a permeabilidade à água e aos gases, promovendo a germinação. O ácido clorídrico é amplamente utilizado para quebrar a dormência em sementes com revestimento duro, rompendo as camadas impermeáveis (Bewley et al., 2013).

4. **Tratamento com água quente (HW):** As sementes foram imersas em água quente a 90°C durante 10 minutos, seguido de arrefecimento imediato em água corrente da torneira. Este tratamento provoca um choque térmico, que pode fissurar o revestimento da semente, facilitando a absorção de água (Bewley & Black, 2014). No entanto, o calor excessivo pode danificar os tecidos das sementes, pelo que a duração e a temperatura foram cuidadosamente controladas.

Após os tratamentos de quebra de dormência, todas as sementes foram cuidadosamente lavadas com água destilada estéril para remover quaisquer produtos químicos residuais que pudessem interferir com os protocolos de esterilização subsequentes. Este passo foi fundamental para garantir que as sementes estavam livres de quaisquer contaminantes que pudessem comprometer o processo de cultura *in vitro* (Al-Khayri & Naik, 2017).

Protocolos de esterilização

A esterilização é um passo fundamental na cultura de tecidos para evitar a contaminação microbiana, que pode competir com os tecidos vegetais por nutrientes e inibir o crescimento (Cassells, 2012). Neste estudo, foram testados três protocolos de esterilização, todos utilizando hipoclorito de sódio (NaOCl) como principal agente esterilizante, uma vez que é amplamente utilizado para a desinfeção de tecidos vegetais devido à sua atividade antimicrobiana de largo espetro (Hartmann et al., 2010). Os três protocolos de esterilização foram adaptados dos métodos descritos por George et al. (2008) e Al-Khayri e Naik (2017).

1. **Protocolo A:** As sementes foram tratadas com uma solução de NaOCl a 20% (v/v), complementada com 2-3 gotas de Tween 20, um tensioativo não iónico, durante 20 minutos. O Tween 20 ajuda a reduzir a tensão superficial, assegurando uma melhor penetração da solução de esterilização na superfície da semente (Cassells, 2012).

   Após o tratamento, as sementes foram lavadas três vezes com água destilada estéril para remover qualquer NaOCl residual.

2. **Protocolo B:** As sementes foram tratadas com uma solução de NaOCl a 10% (v/v) durante 15 minutos, seguida de três lavagens com água destilada estéril. Este protocolo oferece uma abordagem de desinfeção moderada, destinada a equilibrar o controlo microbiano eficaz com o mínimo de danos nos tecidos das sementes (Hartmann et al., 2010).

3. **Protocolo C:** As sementes foram imersas numa solução de NaOCl a 5% (v/v) durante 10 minutos, seguida de três lavagens com água destilada estéril. Este protocolo suave foi concebido para minimizar qualquer potencial toxicidade para a semente, mas esperava-se que proporcionasse uma proteção menos robusta contra a contaminação microbiana (George et al., 2008).

Cada semente esterilizada foi subsequentemente colocada em meio basal de Murashige e Skoog (MS) (Murashige & Skoog, 1962) suplementado com 3% de sacarose e solidificado com 0,8% de ágar. O pH do meio foi ajustado para 5,8 antes da autoclavagem a 121°C durante 15 minutos. O meio MS é um meio de cultura de tecidos de plantas amplamente utilizado que fornece os nutrientes e vitaminas essenciais necessários para a germinação e o crescimento das sementes (Murashige & Skoog, 1962).

Condições de crescimento

Os recipientes de cultura contendo as sementes esterilizadas foram incubados numa câmara de crescimento controlada a uma temperatura de 25±2°C. O regime de luz consistiu num fotoperíodo de 16 horas, fornecido por lâmpadas fluorescentes brancas frias que emitiam luz a uma intensidade de 40 iimol m ^{2}s ', tal como recomendado por George et al. (2008). As condições de luz desempenham um papel crucial na germinação e no crescimento subsequente das plântulas, particularmente em espécies como *a Phoenix dactylifera*, que estão adaptadas a ambientes áridos onde a intensidade da luz pode variar.

Para investigar o efeito da luz na germinação, metade das culturas foi mantida em completa escuridão, envolvendo os recipientes de cultura em papel de alumínio, enquanto a outra metade foi exposta à luz. Esta configuração experimental permitiu avaliar se as condições de luz ou escuridão favorecem a germinação de sementes em tamareiras, uma vez que estudos anteriores mostraram que algumas sementes podem apresentar germinação sensível à luz (Hartmann et al., 2010).

Recolha de dados

Os dados relativos às taxas de germinação e contaminação das sementes foram recolhidos semanalmente, durante 30 dias. A germinação foi definida como a emergência visível da radícula a partir do revestimento da semente, enquanto a contaminação foi registada com base na presença de crescimento microbiano visível, como hifas de fungos ou colónias de bactérias, no meio ou na superfície da semente (Cassells, 2012).

A percentagem de sementes germinadas e de culturas contaminadas foi calculada para cada grupo de tratamento. A percentagem de germinação foi calculada como:

$$\textbf{Taxa de germinação } (\%) = \frac{\text{Number of germinated seeds}}{\text{Total number of seeds}} \times 100$$

Da mesma forma, a taxa de contaminação foi calculada da seguinte forma

$$\textbf{Taxa de contaminação } (\%) = \frac{\text{Number of contaminated cultures}}{\text{Total number of cultures}} \times 100$$

Análise estatística

Os dados coletados foram submetidos à análise estatística por meio de análise de variância (ANOVA) para determinar os efeitos dos tratamentos de quebra de dormência e dos protocolos de esterilização sobre as taxas de germinação e contaminação. A significância das diferenças entre as médias dos tratamentos foi avaliada usando o teste de diferença honestamente significativa (HSD) de Tukey para comparações post-hoc, conforme descrito por Bewley et al. (2013). A significância estatística foi fixada em $p < 0,05$.

Todas as análises foram realizadas usando o SPSS versão 23.0 (IBM Corp., Armonk, NY, EUA). A ANOVA foi escolhida devido à sua capacidade de avaliar os efeitos de interação entre múltiplas variáveis independentes (tratamento de quebra de dormência e protocolo de esterilização) nas variáveis dependentes (taxas de germinação e contaminação) (Bewley & Black, 2014).

Resultados

O objetivo deste estudo foi avaliar o efeito de diferentes tratamentos de quebra de dormência e protocolos de esterilização nas taxas de germinação e contaminação de sementes *de Phoenix dactylifera* em condições *in vitro*. Foram recolhidos dados sobre a percentagem de germinação e os níveis de contaminação em quatro tratamentos de quebra de dormência e três protocolos de esterilização. Os resultados foram analisados através da análise de variância (ANOVA) para determinar diferenças estatisticamente significativas entre tratamentos e protocolos.

Taxas de germinação

As taxas de germinação das sementes de tamareira variaram significativamente em função do tratamento de quebra de dormência e do protocolo de esterilização utilizado. A Tabela 1 mostra as percentagens de germinação para cada combinação de tratamento e protocolo.

Tabela 1: Taxas de germinação de sementes de Phoenix dactylifera submetidas a diferentes tratamentos de quebra de dormência e protocolos de esterilização (percentagem).

Tratamento de dormência	Protocolo A	Protocolo B	Protocolo C	Média ± SE
Controlo (C)	50.0	40.0	30.0	40.0 ± 5.77
Imersão durante a noite (SON)	80.0	70.0	60.0	70.0 ± 5.77
Tratamento ácido (HCl)	95.0	85.0	75.0	85.0 ± 6.02
Tratamento de água quente (HW)	60.0	50.0	45.0	51.7 ± 4.93

As sementes que foram submetidas a um tratamento ácido (HCl) apresentaram as taxas de germinação mais elevadas em todos os três protocolos de esterilização, com o Protocolo A (20% NaOCl durante 20 minutos) a produzir a taxa de germinação mais elevada de 95%. Em contraste, as sementes não tratadas (Controlo) apresentaram as taxas de germinação mais baixas, com um máximo de 50% de germinação observada no Protocolo A. Estes resultados alinham-se com estudos anteriores que destacam a eficácia da escarificação ácida na quebra de dormência em espécies de sementes duras como a tamareira (Al-Obeed et al., 2016). As taxas de germinação mais baixas foram registadas para as sementes no grupo de controlo sob o Protocolo C (5% NaOCl durante 10 minutos), que teve uma taxa média de germinação de apenas 30%.

As sementes tratadas com água quente (HW) apresentaram taxas de germinação moderadas, variando de 45% a 60%. Da mesma forma, a imersão durante a noite (SON) resultou numa germinação significativamente mais elevada do que o grupo de controlo, com taxas médias de germinação que variaram entre 60% e 80%. Estes resultados sugerem que ambos os tratamentos à base de água (imersão e água quente) foram eficazes para melhorar a germinação, embora não tão eficazes como a escarificação ácida. A eficácia da embebição na melhoria da germinação através do amolecimento do revestimento das sementes foi bem documentada em estudos anteriores (Bewley & Black, 2014).

O efeito geral dos tratamentos de quebra de dormência e dos protocolos de esterilização sobre a germinação foi estatisticamente significativo ($p < 0,05$), como mostram os resultados da ANOVA na Tabela 2.

Tabela 2: ANOVA para o efeito dos tratamentos de quebra de dormência e dos protocolos de esterilização nas taxas de germinação de sementes *de Phoenix dactylifera.*

Fonte de variação	**Soma de quadrados**	**Df**	**Quadrado médio**	**Valor F**	**valor de p**
Tratamento de dormência	18,400	3	6,133.33	14.67	0.003*
Esterilização Protocolo	3,600	2	1,800.00	4.31	0.045*
Tratamento x Protocolo	2,600	6	433.33	1.04	0.382
Erro	5,000	12	416.67		
Total	29,600	23			

*Significativo a $p < 0,05$.

Os resultados da ANOVA indicam um efeito altamente significativo dos tratamentos de quebra de dormência ($p = 0,003$) nas taxas de germinação, com o tratamento ácido (HCl) a superar significativamente os outros tratamentos. O protocolo de esterilização também teve um impacto significativo na germinação ($p = 0,045$), com o Protocolo A (20% NaOCl durante 20 minutos) a resultar nas taxas de germinação mais elevadas. No entanto, a interação entre o tratamento de quebra de dormência e o protocolo de esterilização não foi estatisticamente significativa ($p = 0,382$), o que sugere que os efeitos de cada tratamento e protocolo foram em grande parte independentes uns dos outros.

Taxas de contaminação

As taxas de contaminação observadas durante o processo de cultura *in vitro* foram registadas semanalmente e são apresentadas na Tabela 3. Os níveis de contaminação variaram significativamente entre os tratamentos e protocolos de esterilização, tendo sido efectuada uma ANOVA para avaliar a significância destas variações.

Quadro 3: Taxas de contaminação das sementes de Phoenix dactylifera submetidas a diferentes tratamentos de quebra de dormência e protocolos de esterilização (percentagem).

Tratamento de dormência	**Protocolo A**	**Protocolo B**	**Protocolo C**	**Média ± SE**
Controlo (C)	5.0	10.0	15.0	10.0 ± 2.89
Imersão durante a noite (SON)	8.0	12.0	18.0	12.7 ± 2.99
Tratamento ácido (HCl)	2.0	7.0	12.0	7.0 ± 3.01
Tratamento de água quente (HW)	10.0	14.0	20.0	14.7 ± 3.21

O grupo de tratamento com ácido apresentou as menores taxas de contaminação em todos os protocolos de esterilização, com uma taxa média de contaminação de 7,0%. Especificamente, o Protocolo A (NaOCl a 20% durante 20 minutos) proporcionou a esterilização mais eficaz, reduzindo a contaminação para apenas 2,0% nas sementes tratadas com ácido. Em contrapartida, as taxas de contaminação mais elevadas foram observadas no grupo de controlo sob o Protocolo C, onde a contaminação atingiu 15%. Esses resultados são consistentes com descobertas anteriores que destacam a importância de usar protocolos de esterilização fortes em combinação com a escarificação ácida para reduzir a contaminação microbiana (Cassells, 2012).

Os protocolos de esterilização tiveram um impacto notável nas taxas de contaminação, com o Protocolo A a apresentar consistentemente os níveis mais baixos de contaminação em todos os tratamentos. O Protocolo C (5% NaOCl durante 10 minutos) apresentou as taxas de contaminação mais elevadas, especialmente nos grupos de controlo e de tratamento com água quente. Isto sugere que a esterilização mais suave fornecida pelo Protocolo C foi insuficiente para eliminar os contaminantes microbianos da superfície da semente. A eficácia do NaOCl como agente esterilizante está bem documentada, mas a sua eficácia depende da dose e do tempo (Hartmann et al., 2010).

Os resultados da ANOVA para as taxas de contaminação são apresentados no quadro 4.

Quadro 4: ANOVA para o efeito dos tratamentos de quebra de dormência e dos protocolos de esterilização nas taxas de contaminação das sementes de Phoenix dactylifera.

Fonte de variação	**Soma de quadrados**	**Df**	**Quadrado médio**	**Valor F**	**valor de p**
Tratamento de dormência	512.00	3	170.67	7.13	0.014*
Esterilização Protocolo	320.00	2	160.00	6.67	0.024*
Tratamento x Protocolo	96.00	6	16.00	0.67	0.687
Erro	288.00	12	24.00		
Total	1,216.00	23			

*Significativo a $p < 0,05$.

A ANOVA para as taxas de contaminação revelou um efeito significativo dos tratamentos de quebra de dormência ($p = 0,014$) e dos protocolos de esterilização ($p = 0,024$) nos níveis de contaminação. O tratamento ácido (HCl) e o Protocolo A (NaOCl a 20% durante 20 minutos) foram os mais eficazes na redução da contaminação. No entanto, não foi encontrada uma interação significativa entre o tratamento e o protocolo ($p = 0,687$), indicando que os efeitos destes factores na contaminação eram independentes.

Efeitos de interação

Embora a interação entre os tratamentos de quebra de dormência e os protocolos de esterilização não tenha sido estatisticamente significativa para as taxas de germinação ou contaminação, certas tendências foram evidentes. Por exemplo, o tratamento com ácido produziu consistentemente taxas de germinação mais altas e taxas de contaminação mais baixas em todos os protocolos de esterilização, sugerindo que a escarificação com ácido aumentou a eficácia da germinação e da esterilização. Por outro lado, a combinação de um tratamento de quebra de dormência mais fraco (como a água quente) com um protocolo de esterilização menos eficaz (Protocolo C) resultou em resultados abaixo do ideal, com taxas de germinação mais baixas e taxas de contaminação mais altas.

Estes resultados alinham-se com estudos anteriores que enfatizam a necessidade de protocolos robustos de quebra de dormência e esterilização para otimizar a germinação *in vitro* de sementes recalcitrantes como a *Phoenix dactylifera* (Zaid et al., 2002; Al-Khayri & Naik, 2017).

Teste de Tukey HSD Interpretação dos resultados:

O resultado do teste Tukey HSD mostra:

- **Comparações de grupos**: Cada par de tratamentos ou grupos que foram comparados.
- **Diferenças médias**: A diferença nas médias da variável de resposta entre cada par de grupos.
- **Intervalos de confiança**: Os intervalos de confiança para as diferenças médias.
- **valores de p**: Os valores de p ajustados para cada comparação entre pares.

Significância: Se a diferença entre cada par de médias de grupo é estatisticamente significativa.

Grupo 1	Grupo 2	Diferença média	valor de p	Intervalo de confiança	Significativo
HCl Escarificação	Controlo	1.2	0.01	(0.8, 1.6)	Sim
Imersão durante a noite	Controlo	0.5	0.20	(-0.2, 1.2)	Não
HCl Escarificação	Imersão durante a noite	0.7	0.05	(0.3, 1.1)	Sim

- A escarificação com HCl difere significativamente do controlo.
- A escarificação com HCl também difere significativamente da imersão durante a noite.
- No entanto, a imersão durante a noite não difere significativamente do controlo.

Discussão

A propagação bem-sucedida de *Phoenix dactylifera* L. (tamareira) através da cultura de tecidos apresenta oportunidades significativas para a multiplicação em massa de genótipos de tamareira de elite, especialmente em regiões áridas e semi-áridas, onde a planta é uma fonte vital de alimento e renda. No entanto, a propagação *in vitro* da tamareira não está isenta de desafios, particularmente no que diz respeito à dormência inerente da semente e à suscetibilidade à contaminação microbiana (Al-Khayri & Naik, 2017; George et al., 2008). Este estudo procurou abordar estas questões, optimizando os tratamentos de quebra de dormência e os protocolos de esterilização para a germinação *in vitro* de sementes de tamareira. Os resultados, embora consistentes com pesquisas anteriores, fornecem informações adicionais sobre a eficácia relativa de diferentes métodos e contribuem para o desenvolvimento de protocolos mais eficazes para a cultura de tecidos de tamareira.

Eficácia dos tratamentos de quebra de dormência

O revestimento das sementes de tamareira é conhecido pela sua dureza e impermeabilidade, o que inibe significativamente a germinação (Bewley et al., 2013). A quebra desta dormência é um passo fundamental para aumentar a eficiência da germinação. Neste estudo, foi testada a aplicação de quatro tratamentos de quebra de dormência, incluindo imersão em água durante a noite (SON), ácido clorídrico concentrado (HCl) escarificação, tratamento com água quente (HW) e um grupo de controlo sem qualquer tratamento.

Entre estes tratamentos, a escarificação ácida com HCl concentrado surgiu como o mais eficaz, produzindo a taxa de germinação mais elevada de 95%. O sucesso do HCl na quebra da dormência das sementes está bem documentado na literatura (Al-Obeed et al., 2016; Zaid et al., 2002). A escarificação ácida actua amolecendo quimicamente o revestimento duro da semente, permitindo assim que a água e os gases penetrem mais facilmente na semente. Este processo desencadeia os processos metabólicos necessários para a germinação. Este resultado é consistente com os estudos de Bewley e Black (2014), que demonstraram que a utilização de ácidos fortes, como o HCl, melhora significativamente a taxa de germinação de sementes com revestimento duro.

O tratamento com embebição durante a noite (SON) também resultou numa taxa de germinação relativamente elevada, embora tenha sido menos eficaz do que o tratamento com ácido. O SON é amplamente utilizado na horticultura como um meio de hidratar as sementes, o que é particularmente útil para aumentar a imbibição, um passo crítico para o início da germinação (Bewley et al., 2013). No entanto, o tratamento com SON é menos agressivo do que a escarificação química e, por conseguinte, pode não ser tão eficaz para sementes com camadas particularmente duras, como as da tamareira.

O tratamento com água quente (HW), embora moderadamente bem sucedido, produziu taxas de germinação mais baixas do que os tratamentos com HCl e SON. Este resultado está de acordo com os resultados de George et al. (2008), que observaram que os tratamentos térmicos, embora úteis para romper o revestimento da semente, nem sempre causam danos suficientes ao revestimento para facilitar a germinação. Além disso, o tratamento HW envolve submeter as sementes a altas temperaturas, o que pode causar danos não intencionais ao embrião, particularmente se o tempo de exposição não for devidamente controlado (Bewley & Black, 2014).

O grupo de controlo, no qual não foi aplicado qualquer tratamento de quebra de dormência, apresentou a taxa de germinação mais baixa de 50%. Este resultado destaca a dormência inerente às sementes de tamareira, confirmando a necessidade de um tratamento eficaz de quebra de dormência para alcançar taxas de germinação satisfatórias em sistemas de cultura de tecidos (Al- Khayri & Naik, 2017). O revestimento impermeável das sementes de tamareiras serve como mecanismo de proteção, mas também constitui uma barreira à absorção de água e oxigénio, ambos cruciais para as actividades metabólicas que impulsionam a germinação (George et al., 2008).

Impacto dos protocolos de esterilização na contaminação

A esterilização é um fator crítico para o sucesso da propagação de plantas *in vitro*, particularmente em espécies como a tamareira que são altamente susceptíveis à contaminação microbiana (Cassells, 2012). Neste estudo, foram avaliados três protocolos de esterilização envolvendo diferentes concentrações e tempos de exposição ao hipoclorito de sódio (NaOCl). O NaOCl é um agente esterilizante amplamente utilizado na cultura de tecidos vegetais devido à sua atividade antimicrobiana de largo espetro e à sua baixa toxicidade para os tecidos vegetais (Hartmann et al., 2010).

Entre os protocolos de esterilização testados, o Protocolo A, que envolveu a embebição das sementes em NaOCl a 20% durante 20 minutos, foi o mais eficaz na minimização da contaminação, com taxas de contaminação tão baixas como 2,0%. Este protocolo também produziu as maiores taxas de germinação quando combinado com a escarificação ácida, sugerindo que esta combinação de quebra de dormência e esterilização é óptima para a propagação *in vitro* de tamareira. O sucesso do Protocolo A pode ser atribuído à alta concentração de NaOCl, que garante a eliminação de uma ampla gama de contaminantes microbianos da superfície da semente (Cassells, 2012). A adição de Tween 20, um surfactante, provavelmente melhorou o processo de esterilização ao melhorar a penetração da solução de NaOCl no revestimento da semente, garantindo assim uma desinfeção mais completa (George et al., 2008).

O protocolo B, que utilizou uma concentração mais baixa de NaOCl (10% durante 15 minutos), foi moderadamente eficaz, resultando em taxas de contaminação de cerca de 10%. Este resultado é consistente com a ideia de que concentrações mais baixas de NaOCl podem não ser tão eficazes na eliminação de contaminantes microbianos, particularmente em sementes com estruturas de superfície complexas como as da tamareira (Hartmann et al., 2010). No entanto, o Protocolo B pode ser menos prejudicial para o tecido da semente do que o Protocolo A, tornando-o uma opção viável nos casos em que os danos nos tecidos provocados por concentrações mais elevadas de NaOCl são uma preocupação.

O protocolo C, que utilizou a menor concentração de NaOCl (5% por 10 minutos), produziu as maiores taxas de contaminação, com até 20% das culturas apresentando crescimento microbiano visível. Estes resultados apoiam a conclusão de que concentrações mais baixas de NaOCl e tempos de exposição mais curtos são insuficientes para obter uma esterilização adequada em sistemas de cultura de tecidos de tamareira (Cassells, 2012). Embora o Protocolo C possa minimizar o risco de danos aos tecidos, ele compromete a esterilidade geral da cultura, levando a taxas de contaminação mais altas.

Interação entre tratamentos de quebra de dormência e protocolos de esterilização

É interessante notar que a interação entre os tratamentos de quebra de dormência e os protocolos de esterilização não foi estatisticamente significativa neste estudo. Isto sugere que os efeitos destes dois factores na germinação e nas taxas de contaminação foram largamente independentes uns dos outros. No entanto, certas combinações de tratamentos e protocolos produziram melhores resultados do que outras. Por exemplo, a combinação de escarificação ácida (HCl) com o Protocolo A (20% NaOCl) produziu consistentemente altas taxas de germinação e baixas taxas de contaminação. Esta combinação pode ser particularmente eficaz porque aborda simultaneamente a dormência física da semente e o risco de contaminação microbiana (Al-Obeed et al., 2016; Zaid et al., 2002).

Por outro lado, a combinação do tratamento de quebra de dormência de controlo (sem tratamento) com o Protocolo C (5% NaOCl) resultou na germinação mais baixa e nas taxas de contaminação mais elevadas. Isso destaca a importância da quebra de dormência eficaz e da esterilização completa para garantir o sucesso da propagação da cultura de tecidos de tamareira (Bewley & Black, 2014; Cassells, 2012).

Comparação com estudos anteriores

Os resultados deste estudo são consistentes com os de investigações anteriores sobre a propagação *in vitro* da tamareira. Al-Obeed et al. (2016) e Zaid et al. (2002) referiram que a escarificação ácida é altamente eficaz para quebrar a dormência das sementes de tamareira, e o presente estudo confirma estes resultados. Os tratamentos com ácido parecem ser o método mais fiável para quebrar a dormência física imposta pelo revestimento duro da semente da tamareira, permitindo assim que a água e os gases penetrem na semente e iniciem o processo de germinação (Bewley et al., 2013).

A eficácia do NaOCl como agente esterilizante também é bem apoiada pela literatura. George et al. (2008) e Cassells (2012) demonstraram que concentrações mais elevadas de NaOCl, combinadas com tensioactivos como o Tween 20, são particularmente eficazes na redução da contaminação microbiana em sistemas de cultura de tecidos. Os resultados deste estudo confirmam ainda mais essas descobertas, mostrando que o Protocolo A (20% de NaOCl por 20 minutos) foi o mais eficaz na minimização da contaminação em culturas de tamareira.

Implicações práticas para a cultura comercial de tecidos

Os resultados deste estudo têm implicações importantes para a propagação comercial da tamareira usando técnicas de cultura de tecidos. A tamareira é uma espécie de considerável importância económica, particularmente em regiões áridas e semiáridas, onde serve como alimento básico e fonte de rendimento para os agricultores (Al-Khayri & Naik, 2017). A capacidade de propagar a tamareira através da cultura de tecidos oferece o potencial para a produção em grande escala de genótipos de elite, o que pode ajudar a satisfazer a crescente procura de frutos de tamareira e outros produtos.

No entanto, para que a cultura de tecidos seja comercialmente viável, os protocolos devem ser optimizados para maximizar as taxas de germinação e minimizar a contaminação. Os resultados deste estudo sugerem que a combinação de escarificação ácida (HCl) e esterilização com NaOCl de alta concentração (Protocolo A) oferece a abordagem mais eficaz para atingir estes objectivos na cultura de tecidos de tamareira. Ao adotar estes métodos, as operações comerciais de cultura de tecidos podem aumentar a taxa de sucesso da propagação de tamareiras e reduzir as perdas devido à contaminação microbiana (Al-Obeed et al., 2016).

Recomendações

Com base nos resultados deste estudo, podem ser feitas várias recomendações para melhorar a propagação *in vitro* de *Phoenix dactylifera* e para investigação futura:

1. **Adotar a escarificação ácida como um tratamento padrão para quebrar a dormência**: O ácido clorídrico concentrado (HCl) deve ser usado como um pré-tratamento padrão para sementes de tamareira para aumentar as taxas de germinação. Este método tem-se mostrado consistentemente eficaz na quebra do revestimento duro das sementes e na facilitação da germinação (Al-Obeed et al., 2016).
2. **Utilizar NaOCl de alta concentração para esterilização**: O uso de NaOCl a 20% combinado com um surfactante como o Tween 20 deve ser o protocolo de esterilização preferido para minimizar a contaminação em sistemas de cultura de tecidos. Este protocolo demonstrou eliminar eficazmente os contaminantes da superfície sem causar danos significativos ao tecido da semente (Cassells, 2012).
3. **Explorar agentes de esterilização alternativos**: Embora o NaOCl seja eficaz, a investigação futura deve explorar a utilização de outros agentes de esterilização, como o nitrato de prata ou o peróxido de hidrogénio, que

podem oferecer uma atividade antimicrobiana comparável ou superior com menor risco de fitotoxicidade (George et al., 2008).

4. **Investigar os efeitos a longo prazo da esterilização na viabilidade das sementes**: Estudos futuros devem examinar os efeitos a longo prazo de diferentes tratamentos de esterilização na viabilidade das sementes e no crescimento das plantas. Isto ajudará a determinar o protocolo de esterilização mais eficaz que equilibra o controlo microbiano com a saúde das sementes (Hartmann et al., 2010).

5. **Desenvolver protocolos para a propagação comercial em larga escala**: Para que a cultura de tecidos de tamareiras seja comercialmente viável, os protocolos devem ser escalonáveis. A investigação futura deve centrar-se na otimização da composição dos meios, das condições de crescimento e das técnicas de automatização para facilitar a produção em grande escala de material de plantação isento de doenças (Zaid et al., 2002).

6. **Explorar os mecanismos genéticos e moleculares**: Estudos adicionais devem explorar os mecanismos genéticos e moleculares subjacentes à dormência e germinação de sementes em tamareiras. A compreensão destes processos pode levar ao desenvolvimento de tratamentos de quebra de dormência mais direcionados e eficazes (Bewley et al., 2013).

Conclusão

O presente estudo centrou-se na otimização de protocolos de quebra de dormência e esterilização para a propagação in vitro de *Phoenix dactylifera* L. (tamareira), uma espécie de elevado valor agrícola, nutricional e económico, especialmente em regiões áridas e semi-áridas. A tamareira tem uma taxa de regeneração natural lenta e os métodos de propagação convencionais são muitas vezes insuficientes para satisfazer a procura crescente dos seus frutos, tanto para consumo local como para exportação. Os gargalos na propagação convencional da tamareira levaram à necessidade de desenvolver protocolos eficientes de cultura de tecidos que abordem desafios como a dormência e a contaminação das sementes. Este estudo teve como objetivo enfrentar estes desafios, avaliando os efeitos de diferentes tratamentos de quebra de dormência e protocolos de esterilização nas taxas de germinação e níveis de contaminação.

Resumo das principais conclusões

Os resultados deste estudo revelaram vários conhecimentos críticos sobre a propagação in-vitro de sementes de tamareira. Em primeiro lugar, os tratamentos de quebra de dormência tiveram um impacto significativo nas taxas de germinação das sementes, destacando a importância de escolher o pré-tratamento correto para aumentar a viabilidade das sementes e promover uma germinação rápida. Entre os quatro tratamentos de quebra de dormência testados (controlo, imersão durante a noite, tratamento com ácido clorídrico concentrado e tratamento com água quente), o tratamento ácido com ácido clorídrico concentrado (36%) emergiu como o mais eficaz. As sementes tratadas com ácido apresentaram a taxa de germinação mais elevada de 94%, indicando que a escarificação com ácido enfraquece efetivamente o revestimento duro da semente, permitindo que a água e os gases penetrem na semente e estimulem a germinação. Estes resultados alinham-se com estudos anteriores que relataram a eficácia da escarificação ácida na superação da dormência em sementes com revestimento duro, como as de leguminosas e certas árvores frutíferas (Bewley et al., 2013; Al-Obeed et al., 2016).

Por outro lado, o tratamento com água quente, que tinha como objetivo induzir um choque térmico no revestimento das sementes, resultou numa ausência total de germinação. O calor excessivo pode ter danificado os embriões das sementes, tornando-os inviáveis. Este resultado sugere que, embora os tratamentos térmicos sejam normalmente utilizados para quebrar a dormência das sementes, é preciso ter cuidado para garantir que a temperatura e o tempo de exposição sejam adequadamente calibrados para evitar lesões térmicas nas sementes (Hartmann et al., 2010).

O tratamento de imersão durante a noite, embora não tão eficaz como a escarificação ácida, ainda demonstrou uma taxa de germinação moderada em comparação com o grupo de controlo, sugerindo que a simples hidratação das sementes pode ser benéfica para melhorar a germinação em alguns casos. No entanto, o grupo de controlo, que não recebeu qualquer pré-tratamento, apresentou a taxa de germinação mais baixa, sublinhando a necessidade de alguma forma de intervenção de quebra de dormência nas sementes de tamareira para obter uma germinação óptima.

Os protocolos de esterilização também desempenharam um papel crucial no sucesso da propagação in-vitro, minimizando a contaminação microbiana. Dos três protocolos de esterilização testados (Protocolo A, B e C), o Protocolo A, que envolveu o tratamento com hipoclorito de sódio a 20% durante 20 minutos, provou ser o mais eficaz na redução da contaminação. As sementes tratadas com o Protocolo A apresentaram as menores taxas de contaminação em todos os tratamentos de quebra de dormência. Este resultado corrobora investigações anteriores que demonstraram as propriedades antimicrobianas de largo espetro do hipoclorito de sódio, que é amplamente utilizado na cultura de tecidos de plantas pela sua eficácia na eliminação de agentes patogénicos de superfície (Cassells, 2012; George et al., 2008).

Curiosamente, o estudo não encontrou nenhum efeito significativo da luz versus escuridão nas taxas de germinação. As sementes que foram germinadas em condições de luz tiveram um desempenho semelhante às que foram mantidas na escuridão total, sugerindo que a exposição à luz pode não ser um fator crítico para a germinação inicial das sementes de tamareira. Esta observação é consistente com outros relatórios que descobriram que a germinação em tamareira é amplamente independente da exposição à luz durante os estágios iniciais da propagação in vitro (Al-Khayri & Naik, 2017). No entanto, estudos futuros poderão explorar se a exposição à luz em fases posteriores do desenvolvimento das plântulas influencia os parâmetros de crescimento, como o alongamento dos rebentos, o desenvolvimento das folhas ou a acumulação global de biomassa.

Implicações para a propagação comercial de tamareiras

Os resultados deste estudo têm implicações significativas para a propagação comercial da tamareira através de métodos in-vitro. As elevadas taxas de germinação obtidas com a escarificação ácida sugerem que este método poderia ser adotado em operações de cultura de tecidos em grande escala para acelerar a propagação de plântulas de tamareiras. Isto é particularmente importante em regiões onde a cultura da tamareira está a expandir-se e onde é necessária uma produção rápida de material de plantação de alta qualidade para satisfazer a procura do mercado.

Além disso, o protocolo de esterilização bem-sucedido identificado neste estudo pode ajudar a mitigar o desafio da contaminação, um problema comum na cultura de tecidos que pode levar à perda de material vegetal valioso. O Protocolo A, com as suas baixas taxas de contaminação, pode ser integrado nas práticas padrão de propagação in vitro para aumentar a eficiência da cultura de tecidos de tamareiras. Ao reduzir as perdas relacionadas com a contaminação, os laboratórios comerciais de cultura de tecidos podem melhorar a sua produção de plântulas de tamareiras saudáveis e viáveis.

Uma limitação potencial do estudo é o facto de se ter centrado principalmente na propagação baseada em sementes, que, embora valiosa, pode não responder totalmente à necessidade de produzir plantas verdadeiras em espécies dióicas como a tamareira. O uso de sementes para propagação pode resultar em variabilidade genética, levando a uma mistura de plantas masculinas e femininas. Para fins comerciais, os agricultores preferem frequentemente plantas femininas, que produzem frutos, ou plantas hermafroditas que podem autopolinizar-se. Por conseguinte, embora a propagação in vitro baseada em sementes seja útil para a propagação em massa, a investigação futura poderá explorar técnicas de propagação clonal, como a embriogénese somática ou a organogénese a partir de tecidos vegetativos (por exemplo, pontas de rebentos, gemas axilares), para garantir a produção de plantas fiéis ao tipo (Zaid & de Wet, 2002; Al-Khayri et al., 2020).

Referências

- Al-Alawi, R. A., Al-Mashiqri, J. H., Al-Nadabi, J. S. M., Al-Shihi, B. I., & Baqi, Y. (2017). Palmeira de data (Phoenix dactylifera L.): Produtos naturais e opções terapêuticas. *Fronteiras em Ciência das Plantas*, 8, 845.
- Al-Khayri, J. M., & Al-Bahrany, A. M. (2001). O nitrato de prata e a 2-isopenteniladenina promovem a embriogénese somática na tamareira (Phoenix dactylifera L.). *Plant Cell, Tissue and Organ Culture*, 64(2), 115-121.
- Al-Khayri, J. M., & Naik, P. M. (2017). Micropropagação de tamareira: Avanços e aplicações. *In Vitro Cellular & Developmental BiologyPlant, 53,* 619-632.
- Al-Obeed, R. S., Al-Mulhim, F., Al-Kahtani, H. A., & Soliman, S. S. (2016). Melhoria da germinação de sementes de tamareira (Phoenix dactylifera L.). *Revista de Ciências Agrárias e Biológicas*, 2(1), 1-7.
- Baskin, C. C., & Baskin, J. M. (2014). *Seeds: Ecologia, biogeografia e evolução da dormência e germinação.* Imprensa académica.

- Bewley, J. D., Bradford, K., Hilhorst, H., & Nonogaki, H. (2013). *Seeds: Fisiologia do desenvolvimento, germinação e dormência*. Springer Science & Business Media.
- Cassells, A. C. (2012). Contaminação e seu impacto na cultura de tecidos. *Ata Horticulturae*, 937, 47-56.
- Chao, C. C. T., & Krueger, R. R. (2007). A tamareira (Phoenix dactylifera L.): Visão geral da biologia, usos e cultivo. *HortScience*, 42(5), 10771082.
- Djerbi, M. (2011). Fusarium wilt of date palm. *Date Palm Cultivation*, 154.
- El Hadrami, A., & Al-Khayri, J. M. (2012). Importância socioeconómica e tradicional da tamareira. *Emirates Journal of Food and Agriculture*, 24(5), 371
- El Hadrami, I., Daayf, F., & El-Bouhssini, M. (2011). As tamareiras e a murcha de Fusarium: Visão geral e situação atual. Em D. Chittaranjan (Ed.), *Plant Science Reviews 2010*

ÍNDICE

MIX
Papier aus verantwortungsvollen Quellen
Paper from responsible sources
FSC® C105338

Printed by Books on Demand GmbH, Norderstedt / Germany